SV

Peter Sloterdijk
Polyloquien

Ein Brevier

Zusammengestellt und mit
einer Gebrauchsanweisung versehen
von Raimund Fellinger

Suhrkamp Verlag

Erste Auflage 2018

Druck: CPI – Ebner & Spiegel, Ulm
Printed in Germany
ISBN 978-3-518-42775-0

Polyloquien

Die Personen

MAKROHISTORIKER

LITERATURKRITIKER

THEOLOGE

OPINIATER (Facharzt für Erkrankungen des Meinungsapparats)

Szene eins

MAKROHISTORIKER

Impulsreferat

Der zivilisationsdynamische Hauptsatz

Aus dem zivilisationsdynamischen Hauptsatz, wonach die Summe der Freisetzungen von Energien im Zivilisationsprozeß regelmäßig die Leistungsfähigkeit kultivierender Bindekräfte übersteigt, lassen sich, je nach Grundstimmung und Geschmack des Interpreten, etwas mehr als zwanzig tragische oder erheiternde Folgesätze ableiten.

1 Seit dem Hiatus werden viel mehr Optionen auf zukünftige Statusvorteile heraufbeschworen, als je durch legitime Herkunftstitel oder Leistungsnachweise besichert werden können.

2 Es werden nach dem Vorstoß in die Freiheits- und Unternehmensära viel mehr Ambitionen geweckt, als je unter dem Obdach legitimer Ansprüche zu beherbergen sind.

3 Es werden in aller Welt viel mehr Wünsche nach Objekten des Konsums und des Genießens stimuliert, als durch real erarbeitete Güter bedient werden können.

4 Es werden auf breiter Front stets mehr Lizenzen zugestanden, als durch regulierende Beschränkungen zu überwachen sind.

5 Es werden überall mehr Ausnahmen in Anspruch genommen, als durch Modernisierungen der Regel wieder einzufangen waren.

6 Es werden im Gang der Liberalisierung mehr Hemmungen fallengelassen, als durch Hinweise auf frühere Zurückhaltungen und neuere Fairness-Regeln redomestiziert werden können.

7 Es werden im Kulturbetrieb der neuen »Gesellschaft« sehr viel mehr Traum- und Begehrenskräfte freigesetzt, als je durch Umverteilung von Gütern und Vitalchancen in beherrschbare Ausdruckswelten integriert werden können.

8 Es werden in den Subjekten mehr defensive und offensive Unzufriedenheiten gestaut und bis zur Schwelle von Ausdruckshandlungen verstärkt, als je durch massenkulturelle Abreaktionen erledigt oder durch Individualtherapien versöhnt werden können.

9 Es werden mehr Fahrten angetreten, mehr Reisevorhaben auf den Weg gebracht, mehr Starts, Landungen und Transfers durchgeführt, als durch Vorkehrungen zur Kollisionsvermeidung schadlos abzuwickeln sind.

10 Es werden im geld- und zinsbewegten Wirtschaftsgeschehen von Gläubigern stets mehr Kredite an Schuldner herausgereicht, als sich durch angemessene Rückversicherungen in

Pfändern und realistischen Leistungserwartungen besichern lassen.

11 Es werden von Schuldnern in modernen Tauschgesellschaften, namentlich von Regierungen sogenannter souveräner Staaten, stets sehr viel mehr Kredite aufgenommen, als sich jemals mit *bona-fide*-Rückzahlungsabsichten rechtfertigen ließen.

12 Es werden auf den Feldern moderner Politik und Kultur stets mehr Täuschungen, Wahnkonzepte und Angebote an die Deliriumsbereitschaft des Publikums in die Welt entlassen, als je in realistische Vorhaben re-integriert werden können.

13 Es werden ständig mehr einklagbare Rechte von möglichen Inhabern formal gültiger Ansprüche geltend gemacht, als sich durch Prozesse vor bestehenden Gerichten bestätigen lassen.

14 Es wird ständig mehr empörungsbereite moralische Sensibilität herangezogen, als sich durch den Hinweis auf ständigen Strukturwandel der Mißstände beruhigen läßt.

15 Es wird im Lauf der modernen Lockerung der Sitten und ihrer Bilderwelten stets mehr erotisches Begehren aufgereizt, als durch lizenzierte Sexualität zu absorbieren wäre.

16 Es werden durch die Ausstrahlung der Bilder reichen Lebens weltweit fortwährend mehr

Forderungen nach Teilhabe an Gütern und Statussymbolen hervorgerufen, als jemals durch nicht-kriminelle Formen der Umverteilung von Wohlstand befriedigt werden können.

17 Es werden ständig mehr Krankheiten entdeckt, neu beschrieben und diagnostiziert, als je durch die bestehenden oder künftigen Therapieeinrichtungen auf der Höhe der Kunst behandelt werden können.

18 Es verlegen weltweit immer sehr viel mehr Menschen ihren Lebensschwerpunkt in großstadtartige Ballungsgebiete, als jemals zu Lebzeiten an den Vorzügen zivilisierter Urbanität werden teilhaben können.

19 Es werden ständig mehr soziale, technische und psychologische Probleme entdeckt und erfunden, als sich durch die Problemlösungsfähigkeit der lebenden Generationen bewältigen lassen.

20 Es werden der Problemlösungsfähigkeit künftiger Generationen zunehmend mehr Aufgaben aufgebürdet, als diese durch die Übernahme des Kompetenz-Erbes vorangehender Generationen und dessen Ergänzung durch eigene Erfindungskräfte meistern könnten.

21 Es werden im Gang der Modernisierung fortwährend mehr existentielle Optionen erschlossen, als sich je in Konstrukte persönlicher und kollektiver Identität integrieren lassen.

22 Es werden in den Netzwerken der *Global Art* ständig mehr Kunstwerke auf den Markt gebracht, als jemals durch Kennerschaften, Sammlungen und kunstwissenschaftliche Résumés gewürdigt werden können.

23 Es werden im aktuellen Kulturbetrieb ständig sehr viel mehr Kandidaturen auf Prominenz, das heißt auf mit Wahrnehmungsprivilegien ausgestattete soziale Positionen, deponiert, als durch die vorhandenen Aufmerksamkeitskapitale honoriert werden können.

24 Es werden weltweit mehr Abfälle aus konsum- und industriegesellschaftlichen Lebensformen generiert, als sich auf absehbare Zeit in Recycling-Prozessen resorbieren lassen.

25 Es werden in Menschenkörpern der wohlhabenden Hemisphäre ständig mehr Fettreserven aufgebaut, als durch Bewegungsprogramme und Diäten abzubauen sind.

LITERATURHISTORIKER
Impulsreferat

Ironietheoretischer Zusatz

Zwischen der anwaltlichen und der ironischen Rede besteht eine alte Korrespondenz. Nun finden wir Gelegenheit, anzumerken, daß dies nicht erst für den advocatus dioboli im Verfahren vor der römischen Ritenkongregation gilt, sondern von dem Augenblick an, in dem griechische Rhetoren, Komödiendichter und Philosophen sich mit dem dramatisch gespannten Verhältnis zwischen Redeführung und Wahrheitsfindung zu befassen begannen. Unter den frühen Manifestationen des ironischen Bewußtseins ist die sokratische am folgenreichsten geworden, von der man durch Platons Prosa den Eindruck gewonnen hat, sie sei eine rhetorische Taktik der scheinbar bescheidenen Verstellung gewesen, mit welcher der überlegene Frager Sokrates seine Bewunderung für das vorgebliche Wissen der Kontrahenten zum Ausdruck gebracht habe. Ironie wäre demnach eine Sprache der Bescheidenheit, vor der sich die Unbescheidenheit regelmäßig blamiert. Von hier aus führt der Weg über die aristotelische Unterscheidung von Untertreibung und Übertreibung, *eironéia* und *alazonéia*, zu den Schuldoktrinen der antiken Rhetoriker, die mit einem Erfolg, der bis ins 18. Jahrhundert reicht, die Ironie als eine Redefigur festlegten, mit welcher ein Redner im Modus spielerischer Dissimulation das Gegenteil von dem vorbringt, was er meint – eine Technik, ohne welche kein Anwalt ein wirkungsvolles Plädoyer und kein Aufklärungsschriftsteller eine elegante Polemik zustande brächten.

Bei diesem Stand der Dinge fungiert die Ironie über ein Weltalter hin als die stille Teilhaberin der Philosophie, eine unter den vielen Figuren der *ars oratoria*, die sich dem Wahrheitsauftrag der philosophischen Rede mehr oder weniger dienstwillig, in einzelnen Fällen, wie bei Erasmus, Shakespeare, Rabelais und Grimmelshausen, auch widersetzlich unterordnet, um sich ihm gelegentlich mit radikalpoetischem Eigensinn zu entziehen Es ist kein Zufall, daß in die Ironie erst wieder Bewegung kommt, als mit der transzendenalen Wende zum Deutschen Idealismus die Philosophie selbst unter neue Vorzeichen tritt. Infolge des erhöhten Reflexionseinsatzes nach Kant und Fichte entsteht in den gleichzeitigen Poetiken eine potenzierte Form der lronie, die unter dem Titel der romantischen entworfen, rezìpiert und verteidigt wurde – eine Ironie, mit der die Kunst, es anders zu meinen, als es dasteht, mehr noch die Kunst dem, was dasteht, überhaupt den Boden zu entziehen, eine neue Höhe erreicht. Die potenzierte Ironie antizipiert eine Bewußtseinslage, die wir heute mit dem Ausdruck Konstruktivismus assoziieren. Sie akzentuiert die Souveränität des setzenden und aufhebenden Subjekts, das sich seiner Schwebe zwischen Produktivität und Destruktivität bewußt ist – in teils genießender, teils depressiver Haltung. Es sind naturgemäß – so möchte man mit dem Wort des großen österreichischen Ironikers Thomas Bernhard sagen – nicht mehr so sehr Rhetoren und Juristen, die sich dieses Typus von Ironie bedienen, sondern vor allem die Künstler der Moderne. Hingegen werden es unvermeidlich die Verteidiger des Substantiellen und Institutionellen, des Ernsten, Schweren, Unumgänglichen sein, die sich von dieser als bloß artistisch beargwôhnten Mentalitätsform abstoßen. Die Kollision zwischen Hegel und Schlegel ist eine ideengeschichtliche Spur dieser Frontstellung. In ihr artikuliert sich das Mißtrauen der Machtrealisten gegen eine vom eigenen Operierenkönnen angeblich allzu sehr benommene Subjektivität, die sich selbst und ihr Schweben zwischen eigenen Konstruktionen für das Höchste hielte und alles Feststehende, Gültige, Geordnete und Reale unter sich zu sehen wähnte. Unter romantischer Ironie ist nicht mehr nur die *urbana dissimulatio* zu verstehen, die den Stilisten zwischen Cicero und Voltaire unentbehrlich schien, sondern das Vermögen, zu setzen und zu widerrufen, mit dem eine schöpferische Subjektivität ihren Kreaturen die Grundlagen ihrer Existenz gewährt und entzieht.

Die modernisierte Ironie zeichnet sich vor allem dadurch aus, daß sie die Abwendung des Subjekts von seinen vorübergehenden Engagements als eine legitime Weise, mit Dingen und Personen zu spielen, freigibt. Dies zeigt sich nicht allein in der genialischen Hochspannung, die ihren bisherigen Produkten untreu wird, weil sie darauf aus ist, jedes ausgeformte Gebilde durch den fortgehenden Schöpfungsprozeß zu überbieten; die Untreue gegenüber dem Objekt nimmt bald vulgäre Züge an. Die Ironie des Produzenten, zwischen Werkschöpfung, Umformung und Entwerkung hin- und herpendelnd, verallgemeinert sich zur Konsumentenironie, sobald jedermann die Freiheit spürt, disponible Personen, Texte und Objekte aller Art kurzfristig an sich zu ziehen und danach wegzuwerfen. Konsument ist, wer einen nicht mehr vom Glauben an bleibenden Wert geprägten Umgang mit dem Gegebenen pflegt. Der ironischste Verbraucher ist der Sammler, bei dem das Wegwerfen mit dem Aufbewahren koinzidiert. Hier wird die Untreue als Besitz agiert. Im allgemeinen Publikum wird der Standpunkt der Endverbraucherironie für Objekte des Environments vom Design bedient; in bezug auf Diskurse erscheint er als Dekonstruktion.

Wenn ich es mir erlauben darf, eine ironiegeschichtliche Situierung Niklas Luhmanns vorzuschlagen, so kann dies nur durch den Hinweis geschehen, daß sich in seinem Werk die Heraufkunft eines dritten Ironietypus andeutet, den ich den kybernetischen nennen will. Die kybernetische Ironie setzt die romantische voraus, so wie diese die sokratische zur Prämisse hatte. Aber sie bereitet dem Subjekt der romantischen lronie, dem zwischen seinen Setzungen und deren Aufhebung schwebenden Subjekt, ein subversives Schicksal, indem sie ihm zumutet, sich selbst als Epiphänomen in einem System aus Systemen zu verstehen, das viel zu komplex und eigensinnig ist, um von einem Subjekt gesetzt oder aufgehoben zu werden. Dies irnpliziert keine Rückkehr zu einem Objektivismus der Ordnung oder zu einer zweiten Demut, die man bei den postromantischen Realismen des 19. Jahrhunderts und anderen Rückzügen von hybriden ultra-ästhetischen oder ultra-protestantischen Attitüden beobachtet hat. Wie die romantische lronie den Schein der Objektivität unterhöhlte, indem sie das gemachte Gegebene zum Erscheinen und Verschwinden bringt, so entzieht die kybernetische Ironie dem Schein der Subjektivität den Boden, indem sie das Ich auflöst und dann wiederkehren läßt. Dabei wird die lronie der romantischen Stufe nicht dementiert, sondern erhöht, denn auch das wiedergekehrte Subjekt kann, wie zuvor, die Operationen, die seine Souveränität zu beweisen schienen, von neuem ausführen, mit dem Unterschied, daß die Subjektstelle selbst jetzt ironisiert ist, weil das verschwundene und wiedergekehrte Subjekt von der Erinnerung an sein Flakkern gezeichnet bleibt. Das Subjekt der kybernetischen Ironie weiß zwar, daß es sich regelmäßig selbst verkennt – ja, es findet die Beweise seiner Nötigung zur Selbstverkennung, etwa die Theorie des blinden Flecks, so überzeugend, daß es bereit wäre, die Verkennung überhaupt fallenzulassen, wenn ebendies nur in seiner Macht stünde. Aber es macht nun die Entdeckung, daß es, statt von sich loszukommen oder sich zu verlieren, erst recht immer wieder in sich zurückfällt, und genau das gibt ihm das Material zu einer neuen Position der Ironie an die Hand, die aus der Verlegenheit resultiert, ein am Subjektseinkönnen zweifelndes Subjekt, mehr noch: ein als Subjekt widerlegtes Subjekt zu sein. Damit wird ein gut Teil dessen, was bislang unter dem Titel Humor beschrieben wurde, auf die Seite der Ironie verschoben, denn wenn der klassische Humor eine gutmütige Herablassung des höheren zum alltäglichen Selbst implizierte, so erzeugt nun die kybernetische Ironie ein Umspringen des Wissens vom aufgehobenen Selbst zum wiederkehrenden Selbst-Effekt. Das Subjekt wird sich dabei vorkommen wie ein Mittelding zwischen *local hero* und *local looser*. Es muß sich selber übernehmen und dabei eine Stärke zeigen, die es nach allem, was es von sich weiß, nicht hat; es ist dazu verurteilt, sich auszuhalten, obwohl seine Reserven verbraucht sind.

Theorietreiben auf der Stufe der dritten Ironie muß eine Neigung zum Desengagement von fixen Meinungspositionen fördern, weil das systemische Denken von sich her eine Komparatistik der Illusionen nahelegt. Es befaßt sich mit Überzeugungen wie mit individualisierten Versionen von Software. Kaum nötig zu sagen, daß eine solche Haltung, ließe sie sich generalisieren, einen zivilisierenden Effekt hervorriefe, da sie unweigerlich entfanatisierend wirkt und Höflichkeit verstärkt. Sie stimuliert eine Verkehrsform unter Schauspielern-Bürgern, die sich auf der Basis von gut verteilter Selbstdistanz begegneten, weil sie damit begonnen hätten, sich jeweils als Endverbraucher von viralen Illusionen und pragmatischen Zurechtlegungen zu begreifen. Genau das verweigern die Intellektuellen, die für sich einen höheren Ernst reklamieren, weil sie als Fürsprecher einer Realität ersten Grades, einer unmittelbaren Not oder einer unabgekühlten Wut, auftreten.

Das verhaltensprägende Potential der dritten Ironie betrifft nicht nur die zivilen Verkehrsformen zwischen abgeklärt-aufgeklärten Akteuren moderner sozialer Systeme, sondern ebensosehr ihre logischen Verkehrsformen und deren philosophische Überbauungen. Auf der Stufe der dritten Ironie läßt sich auch erst die zivilisierende Wirkung der beiden vorangehenden Versionen angemessen begreifen, weil nun allgemeiner formulierbar ist, warum schon die älteren Ironien wesentlich mehr als bloß rhetorische Überformungen eines semantischen Bestandes gewesen waren. Vielmehr sind sie – wie alle Modalisierungen von Aussagen durch humoristische, groteske und hyperbolische Redestrategien – ein unverzichtbarer Beitrag der sprachlichen Codierungsebene zur Aussteuerung der Fundamentalismus-Risiken, die in jeder zweiwertigen Logik angelegt sind. Ohne die Ironie und ihre buntscheckigen Verwandten, ohne das Vielleicht und das Wer-Weiß, ohne das subversive Lächeln und das umstürzende Gelächter, ohne das Je ne sais quoi und das Presque rien, ohne das Spiel zwischen Abbildungsernst und Darstellungsparodie, kurzum ohne jenen zivilisierenden Mehrwert, der in allem gut Gesagten über das Ausgesagte hinausgeht, wäre das Universum der metaphysischen Welterzeugungen in noch viel höherem Maß die von Binarismen strukturierte und von Dogmatismen geschürte Hölle geblieben, die es seinem Grundzug nach ohnedies gewesen ist. Der ironische Code antizipierte die Mehrwertigkeit vom Beginn des Zeitalters an, in dem die Zweiwertigkeit das Schicksal des Denkens für immer zu bestimmen schien. Er gab sich selbst als jenes Dritte, das auf der Ebene der Aussagenlogik nicht gegeben werden konnte.

Wir können an dieser Stelle wenigstens knapp andeuten, wieso in Weltbeschreibungen, die unter dem Gesetz binärer Metaphysiken standen, die Allianzen zwischen dem Guten und dem Ernsten einerseits, dem Bösen und dem Unernsten andererseits so unzertrennlich geraten mußten. Weil es in solchen Ordnungsprojekten immer darum ging, das Gute als das Reale hervorzukehren, wobei dasselbe nur als das Substantielle, das reflexionsüberlegen Gültige, Gewichtige, Tiefbegründete und Immerfort-Seiende vorzustellen war, war für das Unernste stets die unbeständige, grundlose, üble Seite reserviert. Ja, schon die Unentschiedenheit zwischen Gutem und Bösem fiel tendenziell dem Bösen zu, weil sie ein Drittes andeutete, das dem Bösen mehr Anteile am Realen einräumte, als den Parteigängern des Guten lieb sein konnte.

Auf dem Standpunkt der dritten Ironie jedoch, falls diese sich noch zum Standpunkteinnehmen eignete, kommt ein Anwalt des Bösen ins Spiel, der solches Verübelungsgeschehen insgesamt als Emanation zweiwertiger Logiken durchschaut. Er operiert hierbei nicht mit einem privaten Reservoir souveränen Spotts, sondern mit einer präziseren

Aufmerksamkeit auf Positionsunterschiede zwischen Subjektivitäten – wofür Heinz von Foerster mit seinen Erörterungen von Kybernetiken erster und zweiter Ordnung die förmlichen Voraussetzungen geschaffen hat. Deren Pointe besteht darin, daß Subjekte anderen Subjekten beim Subjektiv-Sein zuschauen – eine Haltung, die von entschlossenen Ethikern per se als böse beargwöhnt wird. Ironieverschärfungen sind die unvermeidliche Folge aus erweiterter Beobachtung. Sie fördert die methodisch kontrollierte Übernahme von Positionen vor denen sich die Tradition nur durch massive Einsätze von Weihwasser in Sicherheit bringen konnte. Weil ebendie dritte Ironie die realen Differenzen und Abstände zwischen Personen oder personalen Systemen ernster nimmt, als die ernstesten Kommunions- und Kommunikationslehren bislang zulassen wollten, kann sie die äußere Beobachtung von Personen durch Personen mit unbekannter Radikalität formulieren. Kybernetisch ist diese Ironie, weil sie es mit der Endlichkeit von Subjektivitäten zu tun bekommt, die in der zweiten Beobachtung »äußerlich« angeschaut werden, ohne daß der Beobachter durch die Äußerlichkeit seiner Sicht Schuld auf sich lädt. Die Beobachtung dient nicht dazu, beim zweiten Beobachter die Haltung mutwilliger Überhebung zu verfestigen, sondern diese abzumildern im Bewußtsein der niemals übersteigbaren Gegebenheit, auch als ein solcher für immer ein beobachtbarer Beobachter zu sein. Wenn Sartre mit Rücksicht auf die infernalische Dynamik der objektiven Wechselblicke eine seiner Dramenfiguren hatte sagen lassen: »die Hölle, das sind die anderen«, so senkt Luhmann die Hitze der Beobachterhölle auf Zimmertemperatur und empfiehlt diese als Betriebsklima für posthumanistische Konvivialität. Die menschlichen Subjektivitäten werden hier nicht mehr wie bei Hegel von einem absoluten und kannibalischen Geist aufgesaugt. Vielmehr werden sie in diskreten Beobachtungen angepeilt, ohne je ganz umschlossen und festgestellt zu werden. Die Ironie dieser Ironie besteht darin, das Fremdsubjekt nie von allen Seiten zugleich vor sich zu bringen, zu überbieten und zu enteignen. Sie ist wesenhaft selbstironisch, weil sie im Bezug zum anderen immer auch die Befangenheit in einer eigenen Perspektive eingesteht.

Die kybernetische Ironie weist auf Immersionseffekte hin. In diesen gehen die Subjekte unter, sobald sie ohne Reserve sie selbst sein wollen oder müssen. Immersionen stellen sich immer dann ein, wenn Einzelne oder Gruppen sich ohne Vorbehalt in umgreifenden Situationen engagieren – zum Beispiel beim Aufbruch in einen Kampf, bei einem Wutanfall, in einer Liebesaffaire, aber auch beim Gang durch eine Installation oder allgemeiner bei dem, was die Fundamentalontologen das In-der-Welt-Sein genannt haben – eine Lage, zu der es nach offizieller Lesart für Menschen zu Lebzeiten keine Alternative gibt. Die Möglichkeit von dritter Ironie steht und fällt mit der Ironisierbarkeit von Immersionen. Deren bisher mächtigste philosophische Antizipation findet sich in Heideggers Man-Kapitel aus *Sein und Zeit*, sofern dort das Existieren im Modus des Verfallens an die Mitwelt ausgelegt wird als Immersion in eine Vulgarität, die scheinbar ohne Alternative ist und doch – gleichsam ekstatisch von innen her – radikal gegen sich selbst gekehrt werden kann. Beim Gang durch die totale Installation des Daseins ist ein Heideggerianer doch irgendwie zu einem entschlosseneren und vornehmeren Benehmen fähig als die unschlüssigen und massenhaften Besucher – zumindest erwartet er dies von sich selbst. Noch um eine Srufe ironischer ist Luhmanns Diskretion, mit der er aufzuzeigen versucht, daß ein Individuum ohnehin nie wirklich ganz in seine Umwelt oder sein Anderes eintauchen urid darin untergehen kann – es sei denn, es benutzte die Umwelt wie eine Droge oder einen Cyberspace, aus dem es keinen Rückzug gäbe. Dies kommt einer systemtheoretischen Neuformulierung von Einsichten gleich, die Sartre über die *mauvaise foi* notiert hat.

DER THEOLOGE
Impulsreferat

Anekdote über die Tiara

> Ein Theologe ist ein Feigling, der im entscheidenden Moment vom Glauben an die Privilegien der Poesie verlassen wird.

Sollte eines Tages einmal eine philosophische Geschichte der Kopfbedeckungen geschrieben werden (was unweigerlich kommt, wenn die Befassung mit Kopfinhalten sich erschöpft hat), so wäre dies die beste Form, an ein abgelaufenes Weltalter zu erinnern, in dem die Menschen ihren Hauptgedanken ebenso auf dem Kopfe trugen wie in ihm.

In Hüten erklärten die Angehörigen der vormodernen Menschheit ihre Stellung zur Welt.

Unter den sichtbaren Kopf-Supplementen oder äußeren Kapitalgedanken nehmen die Kronen und die Bischofsmützen einen eminenten Rang ein, nicht nur, weil sie durch ihre Ringform die Bergung des Menschenkopfes in einer eng anliegenden Umfassungsfigur bewirken, sondern weil sie durch sich selbst und durch ihren rituellen Gebrauch die Präsenz von Majestät oder göttlicher Weihung auf einem Kopf anzeigen. Sollten überdies Weihe und Majestät, die üblicherweise getrennte Charismen sind, ausnahmsweise auf ein und demselben Kopf zusammenkommen, so daß Bischofsmütze und Krone koinzidieren, so würde dies die optimistische Hypothese bestätigen, daß Menschenköpfe sich auch als Träger, philosophisch gesprochen als Zugrunde-Liegendes, von zugleich weltlichen und geistlichen Höchstgedanken eignen. Um einen solchen auf dem Kopf getragenen (oder sonstwie verkörperten) Höchstgedanken handelt es sich vor allem dann, wenn ein einzelner Mensch durch eine singuläre Kopfbedeckung als Menschheitsmitte oder lebendes Prinzip (*principe, prince, Fürst*) hervorgehoben wird.

Dieser Kronenoptimismus ist in Europa eine historische Tatsache, deren Geschichte im frühen 14. Jahrhundert beginnt und im mittleren 20. Jahrhundert endet; und zwar setzt sie ein als Geschichte der Konkurrenz zwischen Papstkopf und Kaiserkopf-Aufsätzen, wobei man kein Spezialist in mittelalterlicher Historie sein muß, um zu wissen, daß der Papstkopf am Ende vorne lag, was heißen soll, daß er einen bemerkenswerten Krönungsvorsprung vor anderen bedeckten Häuptern erzielte. Wie dieser Papstvorteil im einzelnen gewonnen wurde, ist selbst unter den Kennern der Materie nicht unumstritten. Als sicher kann nur die Tatsache gelten, daß das Höchstkronenproblem in Rom unter Bonifaz VIII., dessen Pontifikat 1294-1303 als

Höhepunkt päpstlicher Machtfülle genannt wird, in Bewegung geriet, und zwar zunächst in Richtung auf Zweistöckigkeit.

Die Ausgangslage der Entwicklung hatte sich um die Wende vom 12. zum 13. Jahrhundert eingespielt, als in den Messen zur Papstweihe das neue Oberhaupt der Kirche nach der Papstmitra vom Kardinaldiakon auch die Papstkrone aufs Haupt gesetzt bekam, die zu dieser Zeit nur einen einzigen Ring aufwies. Für die Träger beider Kopfaufsätze schien deren Symbolik selbstevident zu sein: es lag auf der Hand, daß die Mitra liturgisch, in der Messe und nach Gutdünken des Trägers auch sonst, kraft der pontifikalen Funktion (*pro sacerdotio*), verwendet wurde, die Korona hingegen außerliturgisch als Herrschaftszeichen (*pro regno*) bei hoheitlichen Auftritten, Empfängen, Umzügen und dergleichen. Bei der Kronenverleihung wurde eine Formel benutzt, die geeignet ist, den Nachgeborenen den symbolischen Realismus des mittelalterlichen Denkens ins Gedächtnis zu rufen, denn die Papstkrone als solche heißt von da an regelmäßig *corona sive regnam*, als sollte ausdrücklich betont werden, daß die Krone nicht die Herrschaft oder das Königtum *bedeutet*, sondern die Herrschaft oder das Königtum *ist*.

Bei diesem Stand nimmt Bonifaz das Spiel auf und fügt der Papstkrone das zweite Stockwerk hinzu, wobei der zweite Reifen nur scheinbar den Zweck hat, die Doppelgewalt des Papstes in geistlichen und weltlichen Dingen zu symbolisieren – die Forschung hat da allerhand Frommes im Sinne der Zwei-Reiche-Lehre hineingelesen, was unsinnig ist, weil die Differenz und Konfiguration der Reiche im Dualismus von Mitra und Korona bereits zureichend artikuliert war. In Wahrheit gehört der zweite Reifen zu einer Kroneneskalation. Diese antwortet auf die Provokation, die von den kaiserlichen Kopfbedeckungen ausgeht, denn der Imperator seinerseits trägt, wie der Papst, sowohl eine klerikale Mitra als auch sein imperiales Diadem, was aus römischer Sicht nicht ohne Verstimmung wahrgenommen werden konnte.

Der Überbietungssinn der bonifazischen Papstkrone ist evident: das Nebeneinander von Mitra und Einfachkrone wird jetzt als unbefriedigend empfunden und durch das Übereinander von zwei Kronreifen in der weltlichen Krone korrigiert. Selbstverständlich attackiert Bonifaz den Kaiser nicht von der Bischofsmütze her, die keine Steigerung erlaubt, sondern auf der Kronenseite. Der vom *biregnum* gekrönte Papstkopf wird damit zum Träger eines Majestätsgedankens, der den Kaiserkopf mitsamt seinen Aufbauten um eine Spanne überragt – womit das Ziel der Operation erreicht war. Tatsächlich hat Bonifaz das *regnum* auf seinem Haupt bis auf die Höhe einer vollen Elle getrieben, was schon von einzelnen Zeitgenossen als eine hybride Wiederanknüpfung am Selbstkult der heidnischen Kaiser moniert wurde. Die Bonifaziuskrone ist gleichsam das außerliturgische Siegel auf die Thesen der berüchtigten Bulle *Unam sanctum*, deren Schlußsatz hieß: »Wir erklären, sprechen aus und definieren, es sei überhaupt heilsnotwendig, daß alle menschliche Kreatur dem Römischen Bischof untertan sei.« Diese Untertänigkeit (*subesse*) wird nicht sosehr für den mitratragenden Bischof eingeklagt, sondern für den geweihten Caesar, der das Doppel-*regnum* sich aufsetzt. Die zweistufige Bonifaziuskrone ist der vollendete Ausdruck des kulminierenden römischen Papocaesarismus.

Diese Eskalation wurde von der symbolempfindlichen europäischen Fürstenöffentlichkeit in aller Schärfe wahrgenommen und spontan mit gleicher Münze zurückgezahlt. Es war aber nicht der Kaiser, der den päpstlichen Vorstoß parierte, sondern der König von Frankreich, Philipp der Schöne, der mit dem Attentat von Anagni dem Stellvertreter Christi die überhöhte Krone vom Kopf schlug. Bonifazius überlebte den monströsen Akt seiner Gefangennahme durch Agenten einer weltlichen Macht nicht lange; er verstarb noch im Jahr 1303 am nachwirkenden Kränkungsschock. Auf dem

Konzil von Vienne gelang es Philipp, den zweiten Nachfolger des Bonifazius, Clemens V. (1305-1314), zu zwingen, die Bulle *Unam sanctum* gegenüber Frankreich außer Kraft zu setzen. Damit war seit Vienne die Ablegung der zweistöckigen Krone durch den Papst eine vollendete Tatsache. Nach einer kurzen Probezeit war der ernsthafteste Versuch, den Papstkopf himmelwärts aufzustocken, am weltlichen Widerstand gescheitert. Faktisch sollte der Papst seinen gekrönten Kopf nicht mehr über den eines Landeskönigs erheben können.

Wie in Anbetracht dieser Umstände – nach Außerdienststellung des papocaesaristischen *biregnum* – dennoch unter ebendemselben Clemens V. die klassisch gewordene dreistufige Papstkrone, die sogenannte Tiara, Form annehmen konnte, ist eine Frage, die für den Historiker der kopfbedeckenden Gedanken wohl einer näheren Untersuchung wert wäre. In unserem Kontext genügt es, darauf hinzuweisen, daß der Papst, dem gegenüber dem König von Frankreich die Hände gebunden waren, erst recht verstärkt auf die symbolische Rivalität mit dem deutschen Kaiser setzte. Darum bot die Krönung Heinrichs VII. (1309-1313) im Juni 1312 zu Rom durch einen päpstlichen Legaten einen willkommenen Anlaß, den Papstprimat an der traditionellen Front gegenüber dem Imperium hervorzukehren. Begreiflich ist, daß sich in

Avignon infolge der erlittenen Demütigungen eine gesteigerte Kronensensibilität durchgesetzt hatte. Nun fiel um so unangenehmer auf, daß die deutschen Reichsideologen mit überspannten Kronentheorien von sich reden machten, die dem Kaiser aufgrund seiner Dreifachkrönung einen Vorrang vor allen Fürsten der Welt zusprachen – wie ja auch Christus symbolisch ein dreifaches Diadem getragen habe, die Kronen der Gnade, der Gerechtigkeit, der Glorie.

Was das kaiserliche *triregnum* angeht, so bestand es aus der silbernen deutschen Krone von Aachen, der eisernen Langobardenkrone von Mailand oder Monza und schließlich der goldenen Krone des Königs der Römer, die durch die Hände des römischen Bischofs auf den Kopf des Kaisers gelangt. Soweit wir sehen, war auf kaiserlicher Seite nicht daran gedacht, diese Dreifaltigkeit von Kronen in einer einzigen Stufenkrone zusammenzufassen. Interessant für die spätere formale Entwicklung ist allein die römische Krone des Kaisers, die ein Kompromißgebilde aus einer Mitra und einer konventionellen Krone darstellte, wobei das metallische Krongehäuse eine etwas verkleinerte konische Bischofsmütze in sich einschloß. Sie ist das Urbild der aufgestockten Papsttiaren. Aber die Frage bleibt offen, wie das *triregnum* auf den Kopf der Päpste kam, nachdem schon das *biregnum* so heftigen Anstoß erregt hatte, daß die Bonifaz-Nachfolger auf es zu verzichten genötigt waren.

An dieser empfindlichen Stelle klafft in der Geschichte der päpstlichen Kopfbedeckungen eine signifikante Lücke auf. Blättern wir die Seite um, stoßen wir schon auf die glatte Versicherung von Liturgiehistorikern, daß seit 1350 das Triregnum die »charakteristische Kopfbedeckung der Päpste« geworden sei. Aber wie das Überbietungs-Imitat der Kaiserkrone auf den Papstkopf gekommen sei, davon schweigt die Höflichkeit der Liturgologen. Man versteht warum, denn sie hätten hier unvermeidlich, wenn die Dokumente dieser Peinlichkeit noch zugänglich wären, davon sprechen müssen, daß gerade die schwachen nachbonifazischen Päpste es waren, die sich in einer symbolistischen Flucht nach vorn mit einer Überkaiserkrone schmückten. Die Pointe der Geschichte liegt in dem Umstand, daß sie dies tun konnten, ohne von neuem die Eifersucht der französischen Könige zu wecken – was über die Macht- und Sinnverhältnisse der Zeit und ihre Auslegung durch die Protagonisten auf der europäischen Bühne genug verrät.

Für das Folgende enthält dies die entscheidende Information: Es weren die avignonesischen Päpste, theologische Marionetten der französischen Könige, unter denen der Habitus des Tragens von dreistöckigen Kronen bei den Nachfolgern Petri feste Konturen annahm. Die Franzosen und ihre Könige haben also mit ihrer ironischen Toleranz faktisch eine neue Semantik der Krone durchgesetzt, nach der diese nicht mehr das regnum *ist*, sondern nur noch das regnurn *bedeutet*. Das Bedeuten aber, man weiß es, ist ein weites Feld. Auf dem Kopf der französischen Päpste ist der Nominalismus zuerst erfolgreich in die Praxis überführt worden. Eine Krone ist eine Krone; die Macht hingegen ist die Macht. Weil also sich in der Logik selbst eine tiefe Kluft zwischen Wörtern und Dingen, zwischen Bildern und Mächten auftat, brauchten die französischen Könige sich nicht mehr provoziert zu fühlen durch eine Höchstkrone, die erkennbarerweise vor allem den Sinn hatte, einem gedemütigten Papsttum gegenüber einem geisterhaften Imperium symbolische Genugtuungen zu verschaffen. Unter dem Lächeln der Franzosen durften die Päpste von Avignon sich den Phantomen der Sonderhutmacher hingeben.

Für die folgenden zweihundert Jahre hört die Kopfbedeckung der Päpste auf, zu den höchsten Reflexionsgegenständen der alteuropäischen Vernunft zu zählen; erst mit der Reformation wird ein neuer Papstkronenstreit fällig, und dieser zeigt sich an in einer Flut von Behauptungen über den vielfachen Sinn der Tiara. Marcus Antonius Mazzaronius hat in seiner Schrift *De tribus coronis Ponti-*

ficis Maximi, Rom 1587, Dutzende von möglichen und wirklichen Bedeutungen aufmarschieren lassen und damit den Übergang zu einer Theorie des unerschöpflichen Kronen-Sinns angedeutet. Die Dreistöckigkeit der Papstkrone bedeutet praktisch alles, was mit dem Zahlwort drei in Verbindung zu bringen ist, von den Personen der Trinität bis zur Gruppe der theologischen Tugenden Glaube, Liebe, Hoffnung. Interessanter als diese Übungen barocker Theologenverbositas sind ikonographische Entwicklungen, die zu der Dreistufenkrone an der Spitze noch den kreuzgekrönten Globus hinzufügen – am prominentesten bei einer Tiara, die der Statue des heiligen Petrus im päpstlichen Ornat in der Peterskirche zu Rom gelegentlich aufgesetzt wird; ähnlich, jedoch fest installiert, bei den Statuen Gregors des Großen in der Münchener Theatinerkirche und in Ottobeuren. Ob reale Päpste vom 16. Jahrhundert an globusgezierte Tiaren getragen haben, ist ungewiß, jedoch sehr wahrscheinlich; das Motiv lag in der Luft und entspricht demTitel *rector orbis*, mit dem sich die Päpste nach Auskunft des Römischen Meßbuchs aus dem 16. Jahrhundert bei der Krönung ansprechen ließen; *de facto* freilich wären die Päpste weniger die Lenker als die Notare der Globalisierung. Man kann in der Hinzufügung der Weltkugel auf der Spitze der Tiata den letzten Zug einer symbolischen Eskalation erkennen, mit der das Oberhaupt der gegenreformatorischen Kirche seine Ansprüche auf irdische Höchstkrönung im Zeitalter der beginnenden terrestrischen Globalisierung noch einmal geltend machen wollte.

Der Rest der Geschichte verläuft sich im Konventionellen. Nur einmal noch erregt eine Tiara ein gewisses Aufsehen: als Pius VI. zur Bezahlune von Kriegskontributionen an den jungen General Napoleon nach dem Frieden von Tolentino im Jahr 1797 die Prunktiara von Julius II. versilbern mußte. (Napoleon selbst benutzte im übrigen nach seiner spektakulären Selbstkrönung zu Paris im Jahr 1804, in deren Verlauf er den anwesenden Papst brüskierte, bei repräsentativen Auftritten nicht mehr die Krone, sondern als erster Monarch seit der Antike wieder den goldenen Lorbeerkranz.) Erst nach weiteren einhundertsechzig Jahren, am 13. November des Jahres 1964, kam ein letztes Mal – doch wer kann bei dergleichen Dingen so etwas mit Sicherheit sagen? – Bewegung in die Frage nach der angemessenen päpstlichen Kopfbedeckung, als Paul VI. in einer für die Augenzeugen atemberaubenden feierlichen Handlung gegen Ende des II. Vatikanischen Konzils seine persönliche Tiara in der Konzilsaula ablegte und sie als Geschenk den Armen widmete. Er hat später nie wieder eine Tiara getragen. Ob dies auch seine Nachfolger binden sollte, ist unklar. Der Vatikan und die offiziöse

Liturgologie ziehen es vor, in dieser Sache Vagheit walten zu lassen. Beim Stand der Dinge scheint es nicht abwegig, die Kronenablegung durch Paul VI. als eine Konfession zu verstehen, hinter die spätere Päpste nicht mehr zurückkönnen. *De facto* haben sich die beiden Nachfolger Pauls, Johannes Paul I. und Johannes Paul II., dem neuen Standard angepaßt; sie haben beide auf die Krönung und das Tragen der Tiara verzichtet. Es darf mit Gewißheit angenommen werden, daß noch unter Paul VI. seine Tiara in den Verkauf gekommen ist; der Time Life Verlag in New York soll, Gerüchten zufolge, diese für eine unbekannte Summe erworben haben, was durchaus ins Bild der paulinischen Kronenablegung paßt – denn ohne den Tausch der Tiara gegen einen mindestens siebenstelligen Dollarbetrag wäre die Geste einer Widmung für die Armen hohl geblieben. Gesichert ist die Tatsache, daß Paul VI. wenige Jahre nach seiner Selbstentkrönung seine besondere Liebe zur katholischen Kirche der Vereinigten Staaten entdeckte und diese bekunden wollte, indem er am 6. Februar 1968 seine persönliche Tiara der *Basilica of the National Shrine of the Immaculate Conception* zu permanenter Ausstellung überließ. Es mag symbolsensible Europäer ein wenig irritieren, daß die letzte »aktive« Tiara sich somit heute in Washington, D.C., befindet, wenn auch auf den Status eines Ausstellungsobjekts reduziert.

Hierin das Symbol einer Reichsübertragung auf die Amerikaner zu sehen wäre wohl eine überzogene Deutung, zumal die Tiara kein Unikat ist, so daß selbst der Verkauf einer Tiara an Nichteuropäer und ihre Verwahrung durch US-amerikanische Katholiken nicht *per se* das Zurückkommen auf diesen Kopfbedeckungshabitus verböte.

Es sind in naher Zukunft Verhältnisse in der Europäischen Union vorstellbar, unter denen die Papstkrone als symbolische Ressource europäischer Selbstaffirmationen wieder eine Rolle spielen könnte. Sollten aber Tiaren allgemein von Papstköpfen (wenn auch nicht von vatikanischen Briefköpfen) verschwinden, so ist auch diese Nicht-Tracht als ein Gedanke zu verstehen, der sich auf dem Kopf eines Nicht-Trägers manifestiert, vorausgesetzt, man kann das Null-Zeichen als solches erkennen. Wenn Nie-Gekrönte keine Kronen tragen, so liegt darin keine Information, die das Publikum bewegt; wenn ein potentiell Höchstgekrönter ungekrönt auftritt, dann hat die Absenz der Krone von seinem Kopf den Charakter einer Aussage. Die Null-Tiara-Option ist ein Votum zum Stand der Krönbarkeit von römischen Bischofshäuptern. Vielleicht ist es Zeit, festzustellen, daß in bezug auf die außerliturgische Kopfbedeckung der Päpste die Dezentrierung Europas seit 1964 von der letzten imperiomorphen Instanz der Alten Welt nachvollzogen worden ist. Durch die Wendung der Globalisierung ins Terrestrische verbindet sich die Krise der Gedanken, die sich auf dem Kopf tragen lassen, mit jener der Gedanken in den Köpfen.

OPINIATER
Impulsreferat

Ein neuer möglicher Straftatbestand: Aufreizung zur Magersucht. Ein solcher Paragraph würde erlauben, Moderatorinnen von Model-Shows hinter Gitter zu bringen. Hätte der Neoliberalismus Titten aus Zement, er sähe aus wie Heidi Klum.

Die philosophische Prosa hat Anteil an den syntaktischen Glückstechniken, die man Literatur nennt. Wirkliche Autoren sind nur diejenigen, die die Entstehung eines Diskurses verhindert haben. Du mußt die Nachahmung entmutigen, bevor sie zum Herrn der Szene wird. Setzt sie sich erst einmal in Gang, ist der Schaden nicht wiedergutzumachen. Die einfach nachzuahmenden Diskurse haben in den letzten Jahrzehnten die Geisteswissenschaften zerstört, auf beiden Seiten des Atlantiks, sie haben die große Literatur unter Palaversystemen erstickt, die vorhersagbarer sind als jedes Azorentief. Nie wieder Diskurs.

Was Fatalismus bedeutet, kann man beim Sport erleben – und nirgendwo so klar wie in der Unumkehrbarkeit der Fehlentscheidungen von Schiedsrichtern. Im Deutschen hat man dafür das herrlich absurde Wort »Tatsachenentscheidung« erfunden, das passive Gegenstück zu Fichtes überdrehtem Begriff »Tathandlung«, der ein Vorbote des Hyperaktivitätssyndroms in der Philosophie war. In Wahrheit wird durch die irreversiblen Entscheidungen der Schiedsrichter eine religiöse, genauer eine ontologische Disposition angesprochen – die Bereitschaft zur Unterwerfung unter die Macht des Faktischen. Die Pointe dabei: Die Unterwerfung muß auch dann vollzogen werden, wenn du mit eigenen Augen gesehen hast, daß die Entscheidung falsch war. Zum Fußball als reguliertem Schicksalsdrama auf dem Rasen gehören drei Mannschaften. Nimmt man der Mannschaft im schwarzen Trikot die Freiheit, falsch zu pfeifen, hat man das Spiel ruiniert.

Szene zwei

Die Projektform des Zorns (die man polizistisch Selbstjustiz oder Bandenwesen, politisch Anarchismus oder Gewaltromantik nennen würde) ist zur Bankform ausbaufähig. Damit bezeichnen wir die Aufhebung der lokalen Wutvermögen und der zerstreuten Haßprojekte in eine übergreifende Instanz, deren Aufgabe, wie bei jeder authentischen Bank, darin besteht, als Sammelstelle und Verwertungsagentur für Einlagen zu dienen. Unweigerlich affiziert dieser Übergang die Zeitstruktur der in Einzelprojekten gebundenen Potentiale noch einmal. Wie schon die Rache als Projektform des Zorns diesem eine längere zeitliche Erstreckung gibt und eine pragmatische Planung angedeihen läßt, verlangt die Bankform des Zorns von den einzelnen rächerischen Regungen, sich einer überlegenen Perspektive einzuordnen. Diese reklamiert für sich stolz den Begriff »Geschichte« – selbstverständlich im Singular. Durch die Schaffung einer Zorn-Bank (als Depot für moralische Explosiva und rächerische Projekte verstanden) geraten die einzelnen Vektoren unter eine zentrale Regie, deren Erfordernisse nicht immer mit den Rhythmen der lokalen Akteure und Aktionen übereinstimmen. Doch nun wird Unterordnung unverzichtbar: Die zahlreichen rächerischen Geschichten sollen endlich zu einer vereinten Geschichte zusammengezogen werden. Wir konstatieren auf dieser Stufe den Übergang von der Projektform zur Geschichtsform des Zorns. Die »Geschichte« selbst nimmt die Form eines Unternehmens von höchstem Ambitionsgrad an, sobald sich ein Kollektiv konstituiert, das seine Zornpotentiale – wie seine Hoffnungen und Ideale – in gemeinsame langfristige Operationen investiert.

Die erzählte Historie übernimmt dann die Aufgabe, von den Taten und Leiden des maßgeblichen Zornkollektivs Rechenschaft zu geben. Um es nahezu mit den Worten von zwei berühmten Kollegen aus dem Jahr 1848 zu sagen: Alle Geschichte ist die Geschichte von Zornverwertungen.

Wenn die Religion seit jeher mehr oder weniger tiefsinnige Interpretationen für die unvermeidliche Rückkehr des Sterblichen zum Ungeborenen anbot, so ist mit der neuzeitlichen Musik eine machtvolle Alternative entstanden, dieser Rückkehrdynamik eine gehegte Fassung zu geben. In Wahrheit ist die neuzeitliche Musik religiöser als die Religion, weil sie durch ihre privilegierte Allianz mit den latenten Dispositionen des Gehörs in innere Schichten vorzudringen vermochte, in denen man dem einfach Religiösen kaum begegnet. Der große Vorzug der neuzeitlichen Musik gegenüber der Religion gründet in dem Umstand, dass sie (vor allem seit ihrer Wende von der Polyphonie zum akkordischen Ausdrucksgeschehen und seit dem Übergang vom Komponieren unter gattungsgesetzlichen Formen zur freien Setzung eigenprogrammatischer Klangereignisse) eine Verkündigungsmacht erwirbt, von der die konventionelle Religiosität bis heute kaum etwas begreift. Die höhere Musik wird seit dem 17. und 18. Jahrhundert aus ihrer eigenen Wesensdynamik unwiderstehlich evangelisch wirksam, weil sie von da an im Begriff ist, in Paradiesfragen, oder allgemeiner, in Fragen von Spannung und Entspannung, eine überlegene Eloquenz zu entwickeln.

Diese ist allenfalls zu teilen mit der modernen Lyrik, die seit der Goethe- und Eichendorff-Zeit, der Lermontow- und Lamartine-Zeit, kein Geheimnis macht aus ihrer Ambition, mit dem Ohr des aktuell musikalisierten Subjekts zu wetteifern. So eröffnet die Musik, in ihren gesteigerten Formen, seit den Tagen der ersten Wiener Klassik ein unendliches Gespräch in Tönen über den Unterschied zwischen Paradies und Welt.

Schreiben heißt zunächst und zumeist, große Dinge klein schreiben. Darum hofft die alphabetisierte Fraktion der Menschheit seit dem Aufkommen des Buches auf das ultimative Erleuchtungswunder: Alle Lektüren sind immer nur Vorlektüren beim Warten auf das Schlußbuch. Das metaphysische Zeitalter war seiner Zeitstruktur nach eine Wartezeit im Vorausblick auf das Buch, in dem alles steht – bis dahin liest man auch noch Romane, mathematische Lehrbücher, Samstagsbeilagen, systemtheoretische Essays und andere Vorläufigkeiten.

Der Philosoph war der Delegierte von Gesellschaften, die ihr Nicht-Verstehen bewältigen wollten, indem sie einige Alles-Verstehende im Herzen der Welt postulierten. Heute wird die Welt für alle zum Nicht-Verstehen freigegeben – bei den komplexen Maschinen haben wir das gelernt. Einige Menschen wissen, wie man sie herstellt, die übrigen lernen, zufrieden zu sein mit der Kenntnis weniger Bedienungstasten.

Den Menschen als armes Tier zu deuten ist ein Trick, den sich die Faulheit ausgedacht hat.

Szene drei

MAKROHISTORIKER

An einem schicksalsträchtigen Wochenende ging mir die Wahrheit über die Wahrheit auf. Nun wird mich nie mehr jemand dazu bringen, auf meine eigenen Kosten ehrlich zu sein. Soviel will ich Ihnen verraten: Ein guter Tag beginnt mit einer starken Lüge. Mein eigener Fall ist hierin lehrreich. Ich taumle ins Bad und sehe im Spiegel den Schatten einer bleichen Masse, die Unwohlsein verbreitet. Müßte ich jetzt scharf hinsehen, so wäre schon alles in der Krise. Mein Feind steht im Raum und will die Sphäre mit mir teilen. Schon wieder schleicht mein nächtliches Selbst hinter mir her und will die Hälfte von meinem Leben haben. Seit Jahren belästigt es mich mit dem Ansinnen, mit mir über das zu reden, was es für meine Probleme hält. Aber ich verhandle nicht mehr mit Gespenstern. Das Ding im Spiegel ist die Unwirklichkeit. Wer ich bin – das bestimme in Zukunft ich. Ich hole den Zerstäuber aus dem Schrank und umgebe mich mit einer Wolke guten Willens; ich tröpfle mir Weichzeichner in die Augen und erinnere mich an meine Affirmationen: »Es ist ein Glück, daß ich bin, wie ich bin.« Nun bin ich bereit, dem Doppelgänger zu begegnen. Ich lächle meinem Spiegelbild zu, als stünde der Kerl mir menschlich nahe. Ich habe die tausend

Gründe, ihm ins Gesicht zu spucken, vergessen und längst beschlossen, daß ich den Typ von innen her mag. Hab selten so früh einen so interessanten Menschen getroffen, ohne Übertreibung.

Fragmente über Gott und die Welt

Zu den Geheimnissen des Verhältnisses zwischen Frau und Auge gehört der Umstand, daß Frauen fast nie wissen, welches das Auge ist, in dem sie am meisten leuchten. In ihrer Unwissenheit fallen sie auf das erstbeste Objektiv herein.

Die Moderne hat den Verlierer erfunden. Diese Figur, der man auf halbem Weg zwischen den Ausgebeuteten von gestern und den Überflüssigen von heute und morgen begegnet, ist die unverstandene Größe in den Machtspielen der Demokratien. Nicht alle Verlierer lassen sich durch den Hinweis beruhigen, ihr Status entspreche ihrer Plazierung in einem Wettbewerb. Viele werden entgegenhalten, sie hätten nie eine Chance gehabt, mitzuspielen und sich danach zu plazieren. Ihre nachtragenden Gefühle richten sich nicht bloß gegen die Gewinner, sondern auch gegen die Spielregeln. Daß der Verlierer, der zu oft verliert, das Spiel als solches gewaltsam in Frage stellt: Diese Option macht den Ernstfall von Politik nach dem Ende der Geschichte sichtbar.

Die moderne Philosophie ist verflucht. Sie ist ihrer wissenschaftlichen Ambitionen wegen dazu verurteilt, die ganze Geschichte der ganzen Welt zu verstehen, und kennt doch weder die Geschichte noch die Welt, noch das Ganze aus allem. Nur so viel kann die Philosophie wissen, daß die Geschichte der Welt die Geschichte eines Erwachens sein muß.

Wer spricht von Heilung? Meistens genügt es, eine neue Sprache zu lernen – bis du in fließendem Therapeutisch über deine Beschwerden reden kannst.

Wo früher das Volk war, gibt es jetzt das Celebretariat, bestehend aus latent Berühmten, denen zu ihrem Glück vermeintlich nichts fehlt, außer daß sie entdeckt werden müßten. Ein britischer Autor nennt diese Zersetzungsprodukte des Volkes das Lumpen-Celebretariat. In dem gibt es niemanden, der nicht am It-could-be-you-Syndrom leidet.

Heute lernen wir von Anfang an, es sei am besten, sich selber anzunehmen, wie man ist. Man wäre fremdenfeindlich, wollte man an dem Anderen in uns selbst etwas ändern.

Das aufrührerische Korn denkt, es verändert die Mühle, wenn es sich von ihr zermahlen läßt.

Wie wäre es, wenn wir aufhörten, an »die Kommunikation« zu glauben? Man müßte das Aussenden und Empfangen von Zeichen vom Angeln oder der Jagd her auffassen. »Senden« hieße dann »Köder auslegen«, und »Verstehen« wäre das Äquivalent von »anbeißen«. Jede höhere Form von »Verständigung« impliziert ein gutes Maß an »in die Falle Gehen«.

Besser Christus einmal über den Fluß tragen als den Vater durchs ganze Leben.

Kleinanzeige: Mäntel des Schweigens aus zweiter Hand umständehalber günstig abzugeben.

In der Tat befürwortet die Massenkultur seit langem die Übergabe der Akten des Jüngsten Gerichts in menschliche Treuhandschaft.

Dieselben Menschen, die aus guten Gründen zu stolz sind für die Wirklichkeit – *on a raison de se révolter* –, sind manchmal aus weniger guten Gründen zu stolz für die Wahrheit.

Vom Beginn der Hochkulturen an erweist sich der Gattungsprozeß in zunehmendem Maß als Geschichte der Umzingelung des Menschen durch den Menschen.

Aber das Konzept Privateigentum an Genitalien ist natürlich zugleich eine bizarre Idee, eine zum Leben selbst geronnene wüste Ideologie. Denn der Körper selber meint etwas anderes, als ich meine, wenn man sich umarmt.

Noch Freuds bekannte Verknüpfung zwischen der Erektion und der »Aufhebung der Schwerkraft« läßt den Glauben durchblicken, daß nach solchen Insurrektionen die Erdanziehung das letzte Wort hat.

Er ist ein glücklicher Mensch? Das ändert nichts daran, daß er ein Reservist der Verzweiflung bleibt.

Sollte man die Drift des aktuellen »Zivilisationsprozesses« (dieses schreckliche Wort brennt Löcher in die Mundschleimhäute) mit einem philosophischen Kennwort versehen, so müßte man sagen, daß dieser einer denkenden Lawine gleicht. Was ist das? Wir wissen es nicht, doch diese Lawine sind zweifellos wir.

Wer Geschichte macht, macht immer mehr mehr als nur Geschichte. Dieses Mehr ist der Druckfehlerteufel, der den so schön aufgesetzten Text entstellt – es ist der kinetische Überschuß, der über die Grenzen hinaus und an den Zielen vorbei ins Nichtgewollte schießt.

Deswegen sind die großen Staus auf den sommerlichen Autobahnen Mitteleuropas Phänomene von geschichtsphilosophischem Stellenwert, ja sogar von religionshistorischer Bedeutung. Durch sie kommt ein Stück falscher Moderne zum Scheitern, in ihnen begegnet uns das Ende einer Illusion – sie sind der kinetische Karfreitag, an dem die Hoffnung auf Erlösung durch Beschleunigung zugrunde ging.

Unsere Geschichte – alles, was wir sind und haben – wird eines fernen Tages für niemanden mehr geschehen sein.

Daher ist die Poesis kein Thema der Ästhetik, wie man sie neuzeitlich versteht, sondern eins der philosophischen Gynäkologie, falls der Ausdruck erlaubt ist. Ihr Springpunkt ist die *natura naturans*, die im menschlichen Herstellen zum kulturellen Drama wird, und ihr Axiom lautet, daß die Wahrheit zwar kein Weib ist, aber die Poesis eine »Mutter«.

Gelassenheit erwächst aus dem Vorteil, nicht gesiegt zu haben. Sie gleicht der Niederlage in einem Kampf, den zu gewinnen eine Katastrophe wäre.

Der Philosoph heute, was ist es anderes als ein Experte für die Rückformulierung von Witzen in Probleme?

Das Publikum hat immer dann am meisten Grund, seine Politiker für unglaubwürdig zu halten, wenn diese so sind, wie man sie haben will.

Der Mensch ist das Wesen, das nicht paßt. Sein Verhältnis zu den Verhältnissen ist unverhältnismäßig. Für ihn stimmt es, nicht zu stimmen.

Szene vier

Man muß sich von dem Vorurteil befreien, Banken tätigten ausschließlich Geldgeschäfte. In Wahrheit deckt die Bankfunktion einen sehr viel breiteren Phänomenbereich ab als den der monetären Transaktionen. Bankanaloge Prozesse treten überall dort in Erscheinung, wo kulturelle und psychopolitische Entitäten – wie wissenschaftliche Erkenntnisse, Glaubensakte, Kunstwerke, politische Protestregungen und anderes – sich anhäufen, um von einem gewissen Akkumulationsgrad an von der Schatzform zur Kapitalform überzugehen. Konzediert man die Existenz eines nicht-monetären Bankwesens, so leuchtet die Beobachtung ein, daß Banken eines anderen Typs, als politische Affektsammelstellen aufgefaßt, ebenso mit dem Zorn der anderen wirtschaften können, wie Geldbanken mit dem Geld der Kunden arbeiten. Indem sie dies tun, entlasten sie ihre Klienten von der Verlegenheit der Eigeninitiative und stellen gleichwohl Gewinne in Aussicht, und was im einen Fall die monetären Kapitalerträge bedeuten, sind im anderen die thymotischen Prämien. Solche Banken präsentieren sich in der Regel als politische Parteien oder Bewegungen, namentlich auf dem linken Flügel des politischen Spektrums. Die Umwandlung von zornigen Regungen in »konstruktive Politik« darf dabei in jedem Lager als das *magnum opus* der Psychopolitik gelten. (Im übrigen ist die Vermutung zu wagen, das die von Niklas Luhmanns Theorie sozialer Systeme herausgestellte funktionale Ausdifferenzierung in Subsysteme wie Recht, Wissenschaft, Kunst, Wirtschaft, Gesundheitswesen, Religion, Pädagogik usw. den Hinweis auf eine je eigene regionale Kapitalisierung und eine dem in spezifischer Weise entsprechende Bankformation enthält.)

Die Volkswirtschaftslehre definiert eine Bank als eine Kapitalsammelstelle. Deren Hauptaufgabe besteht darin, die Guthaben ihrer Klienten im Sinn der Werterhaltung und Wertvermehrung zu verwalten. In praktischer Hinsicht heißt dies, daß Kundeneinlagen, die im Augenblick ihrer Einzahlung unfruchtbare Geldschätze sind, sich umgehend in Kapitale verwandeln und folgerichtig in gewinnorientierte Geschäfte investiert werden. Es gehört zu den wichtigsten Funktionen einer Bank, als Risikopuffer zu wirken, der die Klienten an Investitionserfolgen teilnehmen läßt, während er sie von Mißerfolgen nach Möglichkeit bewahrt. Dieses Arrangement wird durch den Zins gesteuert, welcher der Natur der Sache gemäß um so niedriger ausfällt, je höher der Grad der Risikoausschaltung sein soll.

In unserem Kontext ist nun zu beachten, daß das Zeitprofil des Geldes durch den Übergang von der Schatzform zur Kapitalform entscheidend modifiziert wird. Der einfache Schatz steht noch ganz im Dienst der Wert(auf)bewahrung. Indem er die materiellen Ergebnisse vergangener Ernten und Plünderungen beisammenhält, besitzt er eine rein konservative Funktion (um für den Augenblick von den imaginären Eigenwerten der Schatzbildung nicht zu reden). Er negiert die ablaufende Zeit, um das angesammelte Gut in einer permanenten Gegenwart zu verankern. Wer vor einer Schatztruhe steht oder eine Schatzkammer betritt, erfährt im vollen Sinn des Wortes, was Anwesenheit bedeutet. Die vom präsenten Schatz gestiftete Zeitform ist dementsprechend die vom Vergangenen gestützte Dauer als das ständige Dableiben des Angesammelten – mit der erhabenen Langeweile als erlebtem Reflex.

Im Gegensatz hierzu ist dem Kapital das langweilige Glück der gesammelten Anwesenheit bei sich fremd. Seiner bewegten Seinsweise wegen ist es zur ständigen Entäußerung verurteilt; es kann sich nur episodisch, etwa an Bilanzterminen, als virtuell präsente Summe vorstellen. Ständig auf Selbstverwertungstour unterwegs, befindet es sich zu keinem Zeitpunkt im Vollbesitz seiner selbst. Daraus folgt, daß es wesensmäßig »futuristische«

Effekte zeitigt. Es erzeugt eine chronische Vorspannung ins Kommende, die sich auf jedem erreichten Niveau als erneuerte Gewinnerwartung artikuliert. Seine Zeitform ist die kurzweilige Akkumulationsperiode, die sich als Dauerkrise vollzieht. Daher vollbringt allein die Kapitaldynamik die Leistung, die Trotzki, dank einer willkommenen Konfusion der Begriffe, einer revolutionären politischen Führung anvertrauen wollte: Die »permanente Revolution« beschreibt genau den *modus vivendi* des Kapitals, nicht das Gebaren eines Kaders. Stets für den erweiterten Fortgang seiner eigenen Bewegung zu sorgen ist seine wirkliche Mission. Es weiß sich dazu berufen, alle Verhältnisse umzustürzen, unter denen sich Verwertungshindernisse aus Brauch, Sitte und Gesetzgebung seinem Siegeszug in den Weg stellen. Daher: Kein Kapitalismus ohne die triumphale Ausbreitung jener Respektlosigkeit, der Zeitkritiker seit dem 19. Jahrhundert den scheinphilosophischen Namen Nihilismus gaben. In Wahrheit ist der Kult des Nichts bloß die unvermeidliche Nebenwirkung des Geldmonotheismus, für den alle anderen Werte bloße Götzen und Trugbilder darstellen. (Im übrigen ist auch dessen Theologie trinitarisch zu entwickeln, weil zum Vater »Geld« der Sohn »Erfolg« und der Heilige Geist »Prominenz« hinzukommen.) [...]

Selbst zum Erstaunen seiner eigenen Agenten erwies sich der Kapitalprozeß bisher als immer wieder imstande, Zusammenbruchstendenzen auch über größere Schwankungs- und Stagnationsphasen hinweg unter Kontrolle zu bringen. Er kann sich heute auf eine mehr oder weniger kohärente Entwicklungsspanne von circa zehn menschlichen Generationen berufen – sofern man die industrielle Revolution des 18. Jahrhunderts als seine Schwellenzeit ansieht, sogar von zwanzig Generationen, wenn man, mit Immanuel Wallerstein, das kapitalistische Weltsystem schon um das Jahr 1500 Konturen annehmen läßt. Im Blick auf diese Leistung ist zu konstatieren, daß das prinzipiell ahistorisch beziehungsweise rein futurisch verfaßte kapitalistische System doch eine Geschichtlichkeit eigener Art hervorgebracht hat. Deren Tendenz wurde in der Anfangsphase des Spiels mit dem Singularbegriff »Fortschritt« mystifiziert. Dies ändert wenig am ironischen Verhältnis des Kapitalismus zu vergangenen Zeiten. Die unternehmerisch bewegte Welt braucht die Vergangenheit im Grunde nur noch, um sie hinter sich zu lassen.

Seinen heutigen Mitspielern und Kritikern tritt der Kapitalismus mit hohen Seriositätsansprüchen gegenüber, zumal nach dem Verschwinden der sogenannten sozialistischen Alternative. Sie lassen sich in der These zusammenfassen, er habe ein Wachstumsmodell von prinzipiell unerschöpflicher Zukunftsmächtigkeit anzubieten. In dessen Namen darf von den Akteuren die Bereitschaft zur Teilnahme an Lebensformen verlangt werden, zu denen der permanente technische Wandel und die Durchdringung aller Lebensbereiche durch Kommodifizierung und Geldvermittlung gehören. Die Wahrheit ist, daß es um die Zukunftsfähigkeit des Spiels wohl etwas weniger glänzend steht, als seine Exegeten zu behaupten nicht müde werden. Es genügt, die allgegenwärtige Vokabel *sustainability* wie ein neurotisches Symptom zu lesen, um den Selbstzweifel des *status quo* am kritischen Punkt zu fassen. Wie das Wort beweist, besitzen die nachdenklicheren unter den Wirtschaftsexperten der Gegenwart schon einen präzisen Begriff davon, was mit dem Wesen des Systems nicht verträglich [...].

Was man Neoliberalismus nennt, war in der Sache nichts anderes als eine Neuberechnung der Kosten für inneren Frieden in den Ländern der kapitalistisch-sozialdemokratischen »Mischwirtschaft« europäischen Typs oder des »regulierten Kapitalismus« US-amerikanischer Machart. Diese Prüfung führte unausweichlich zu dem Ergebnis, daß die westliche Unternehmerseite den sozialen Frieden unter vorübergehendem politischen und ideologischen Druck aus dem Osten zu teuer erkauft hatte. Man sah die Zeit für kostensenkende Maßnahmen gekommen, Maßnahmen, die ihrer

Tendenz nach den Akzentwechsel vom Primat der Vollbeschäftigung zum Vorrang der Unternehmensdynamik bezweckten. Tatsächlich wurde ein regelrechter Umschwung des Zeitgeistes ausgelöst: Immer schneller entfernte er sich von der zugleich revoltischen und dirigistischen Komfortethik der Nachkriegsjahrzehnte (die nur in Frankreich überlebte), um einer neoentrepreneurialen Risikoethik den Vorzug zu geben – wobei man überzeugt war, die Entmutigung der neuen »Klasse« von nicht mehr Gebrauchten, Ausgemusterten und Abgespeisten als externen Kostenfaktor in Kauf nehmen zu können. Seither driften die Teilkulturen der Spaßpflege und der Depressionsbewirtschaftung im Inneren des europäischen Kristallpalasts stetig auseinander.

Notizen zur Kunst der Über- und Untertreibung

Die Wahrheit ist doch viel eher, daß Leben von Grund auf Überreaktion ist, eine Expedition ins Unverhältnismäßige, eine Orgie an Eigensinn. Der Mensch ist das Überreaktionstier *par excellence*. Kunst schaffen heißt überreagieren, denken heißt überreagieren, heiraten heißt überreagieren. Alle entscheidenden menschlichen Tätigkeiten sind Übertreibungen. Schon der aufrechte Gang war eine Hyperbel, die sich nie ganz in biologische Vorteile aufrechnen ließ. Da ist von vorneherein ein Zug ins Verrückte, Überhöhte im Spiel. Jedes Menschenwort ist ein Schuß ins Offene. Das haben die älteren Anthropologien noch viel klarer im Auge gehabt und aus Einsicht in die Allgegenwart des Übertriebenen im menschlichen Verhalten das Maß und die Zurückhaltung gepredigt.

Die Einsichten Adornos über den Einfluß der Warenform auf das Kunstwerk treffen, wenn man näher hinsieht, auch auf die Religion zu und ebenso auf den Moralismus: Alle diese hehren

Geistesphänomene existieren heute wie seit jeher in erster Linie als Betriebe, es fragt sich nur, ob als Monopolbetriebe oder als Wettbewerbsbetriebe, als Monopolprodukte oder als konkurrierende Produkte. Es ist vor allem die Entdeckung der Konkurrenz, die in diesen Dingen noch immer schockierend wirkt. Wir haben das ganze 20. Jahrhundert gebraucht, um uns an den Gedanken zu gewöhnen, daß diese bisher für transzendent und autonom gehaltenen Sphären bis ins Innerste durchdrungen sind von dem, was Karl Mannheim seinerzeit subversiv den Einfluß der Konkurrenz im Gebiete des Geistigen genannt hat. Die aktuellen Medienanalysen machen klar, das man den Moralmarkt und Weltbildermarkt genauso kühl untersuchen muß, wie man es beim Kunstmarkt schon seit längerem tut. Auch bei den Religionen in der Moderne hat man es mit Produkten zu tun, die sich bei den Klienten bewähren müssen. Nun sind Religionen, solange sie dominieren, es nicht gewohnt, sich als Dienstleistungen zu präsentieren. Sie tun sich schwer damit, Angebote zu machen, die mit anderen verglichen werden können. Sie begründen sich von oben und nicht von Bedürfnissen her, in diesem Punkt sind sie wie Suhrkampbücher. Aber wo die Bewährungsprobe auf dem Markt explizit verweigert wird, ist das ein Indiz dafür, daß sich ein träger Monopolist um die Leistungs- und Attraktivitätsbewertung durch nicht von ihm unterworfene Instanzen herumschwindeln möchte.

Alle Medientheorie, ja vielleicht die Technik überhaupt, ruht auf dem elementarsten und genialsten Gedanken der frühen Menschheit, auf der Idee der Gefäßherstellung. Sie hatte zur Folge, daß man auch den Menschen vom Prinzip Gefäß her zu denken begann. Menschen schaffen heißt also in erster Linie Gefäße machen. Der Gott der Bibel verhält sich in diesem Punkt nur keramisch korrekt. Was man später Metaphysik nennt, ist eigentlich Metakeramik. Gott will bekanntlich einen Menschen schaffen, der ihm gleicht, aber er gleicht ihm eben nur dadurch, daß auch er hohl ist – denn hohl sein heißt etwas durchgehen lassen können.

Hohlheit ist die erste Rate des Seelischen und des Göttlichen. Wäre der Mensch nur ein kompakter Körper, hätte er in der Gott-Unähnlichkeit verbleiben müssen, wie die übrige nicht-leitfähige Materie. Erst durch die Nicht-Massivität kann die Ähnlichkeit mit einem Durchlässigkeitswesen, sagen wir einem Geist, beginnen. Infolge der Tatsache, daß Adam hohl ist, daß er Gefäßeigenschaften hat, und nur ihretwegen, gewinnt der Lehmling, die androide Plastik, eine Chance, gottähnlich zu sein. Gottähnlichkeit besteht, wie gesagt, in nichts anderem als in dieser auserwählten Hohlheit. Wenn man etwas ins Hohle hineinbläst, entsteht eine Schwingung, aus dieser wiederum entstehen Sprache, Beseeltheit, Intentionalität, Ko-Subjektivität.

Wenn ich mich von weitem begutachten müßte, dann würde ich sagen, dieser Sloterdijk ist doch ein merkwürdiger Bastard, zusammengesetzt aus einem lyrischen Extremisten und einem verdammten Schulmeister. Oder aus einem Mystiker und einem Conferencier. Diese zwei oder vier *personae* sind in meinen Kopf zusammengesperrt, sie bilden eine Wohngemeinschaft, sie müssen miteinander auskommen, ob sie wollen oder nicht.

Was mich angeht, so sollten Sie nicht vergessen, das ich zwei strukturell verschiedene Berufe habe, auf der einen Seite den des philosophischen Schriftstellers, der ein *écrivain* ist, auf der anderen Seite den des Hochschullehrers, Redners und Publizisten, der ein *écrivant*-Metier ausübt, im Sinne der Unterscheidung von Roland Barthes. Man kann von diesen beiden Metiers nicht dasselbe verlangen. Als junger Mensch wäre ich über die Bemerkung, daß ich zwei verschiedene Sprachen spreche oder auf zwei verschiedenen Ausdrucksebenen operiere, wahrscheinlich sehr unglücklich gewesen, und ich hatte über Radikalisierungen nachgedacht. Heute bin ich froh, daß ich ein zweites Programm habe.

Fingerspitzenphilosophische Anmerkungen

Mit der Einberufung des Konzils begann der seltsamste »Lernprozeß« der Moderne, bei dem der Wunsch, sowenig wie möglich lernen zu müssen, den Lehrplan diktierte.

Das Unglaubliche ist der einzige Maßstab, an den zu glauben immer richtig ist.

Nichts ist genialer als Karl Barths Intuition, wonach die Wahrheit von meteorischer Natur sei. Mit dieser Einsicht brachte er das Motiv »senkrecht von oben« ins Gespräch der Moderne zurück, die nur noch Horizontales kennen wollte. Mit seiner theologischen Auslegung des meteorischen Effekts bin ich nicht so recht glücklich. Wie nämlich, wenn »Gott« nur einen Sonderfall von Vertikalität darstellte?

Das Schlechteste, was man von einem Gott behaupten kann, ist, daß es ihn nicht gibt, das Schlechteste, was der Welt nachzusagen wäre, ist, daß nur Realisten in ihr eine Chance haben. Man vergißt, die Erklärung hinzuzufügen: Der wahre Name eines Orts, an dem man nichts Realitätswidriges tun kann, ist Hölle. Realisten und Teufel sind dramaturgisch dasselbe Personal.

Wenn wir den zeitgenössischen Menschen die Erdkugel zeigen, dann informieren wir sie, wie gesagt, über den Nachteil, hier zu sein. Wir sagen ihnen *de facto* ja soviel wie: du kannst tun, was du willst – du wirst immer nur am äußersten Rand dieser Kugel existieren. Du bist ein Existierender, weil du das Privileg des Innenseins verloren. Der Erdglobus überträgt also die Kontra-Information zu der des Himmelsglobus: Wir können nicht mehr innen sein, wir sind für alle Zeiten dazu verurteilt, draußen und am Rande zu existieren.

Wenn ein Intellektueller nicht den typischen Verengungen der Vulgärmoderne erliegen will, dann sollte er gelegentlich mit der Vorstellung experimentieren, er sei selber Stifter oder Medium einer Weltanschauung zur Auflösung aller Religionen.

Die Philosophie wird zur Schule eines metaphysischen Exils. Denken heißt Umziehen in das, woraus keine weitere Vertreibung möglich ist. Wie das Leben aus seiner anfänglichen Leibeshöhle in einen Sozialbehälter übertritt, so wird die Philosophie zu einem Umzugshelfer aus dem politischen Stadt-Behälter in eine Höhle aus purem Licht.

Warum wir am Glauben an die Nachwelt zunehmend irre werden. Immer weniger sind wir fähig, die Illusion aufrechtzuerhalten, die Nachwelt werde imstande sein, das wahre Urteil über uns zu sprechen. Wir verlieren diese Illusion, weil wir zu gut wissen, was eine Nachwelt leistet: Wir selber sind ja Nachwelt zu soviel Vorwelt, und wir sehen, daß es um unsere Fähigkeit und Willigkeit, dem vor uns Geleisteten und Erreichten gerecht zu werden, lausig steht. Wenn wir schon so unfähig sind, um wieviel unfähiger werden die sein, die auf uns folgen. Die Konsequenz ist klar: Wir müssen, so gut es geht, die Nachwelt in der Mitwelt suchen.

Epilog

Wein, den man aus der Flasche in ein Gefäß zum Ablüften umgefüllt hat, heißt dekantiert, man macht es mit den großen Roten vor allem, *Bourdeaux grand cru classé, Rioja Gran Riserva* und ähnliches. Eigentlich bedeutet das Wort ein Lied absingen, vielleicht auch entzaubern, abschwören, Gegenmusik machen. Wenn ich mir's überlege, ist ein Großteil meiner Arbeit ein Dekantieren. Ich bringe alle Höchstgewächse des Denkens in neue Gefäße, ich habe die Metaphysiker wiedergelesen und umgefüllt, ich lese Heidegger mit neuen Augen und lassen seine Verschrobenheiten ablüften – das sind alles Dekantierpraktiken. Was soll denn ein Theoretiker den ganzen Tag machen? Er ist eine Art Mundschenk in den Ideenströmen, ein Kellermeister, ein Gegensänger.

Ich prophezeie der Philosophie eine andere Vergangenheit, indem ich behaupte, es ist eine Ideenhistorie in Sicht, die adäquater sein wird als die Philosophiegeschichten, die wir bisher zu lesen bekamen. Für diese ist allesamt typisch, daß sie von einem nachkantianischen oder nachhegelianischen Standpunkt verfaßt sind – aus einem Zustand absoluter Vergeßlichkeit in bezug auf das, was das

Welt-Denken der Europäer in ihrer metaphysisch intensiven Periode ausmachte. Man hat einfach eliminiert, worum es in den klassisch metaphysischen Weltbildentwürfen gegangen ist, nämlich um die Korrelation von Form und Immunität. Ich zeige, daß hinter dem Gespenst der sogenannten Letztbegründung die Sorge um Letztimmunisierung steht – nur wenn man das weiß, kann man zum Scheitern der klassischen Metaphysik verantwortlich Stellung nehmen, ohne Häme, ohne Besserwisserei. Man versteht einfach nicht mehr, daß klassische Philosophie immer eine Theorie des bergenden Raums zur Prämisse hatte, also eine kosmologische und theologische Sphärologie, besser sogar eine Sphäro-Immunologie. Zumindest bis ins 18. Jahrhundert wußten alle Großen der Metaphysik, was es auf sich hatte mit dem Satz: Gott ist eine Kugel, deren Zentrum überall und deren Umfang nirgends ist. Das war der Sprengsatz der mittelalterlichen Theosophie gewesen, der über Jahrhunderte die Geister erregt hat. Die neuere Philosophiegeschichte löscht dies alles aus. Sie projiziert ihre eigene Kugelvergessenheit auf zweitausend Jahre europäischen Denkens zurück, ohne auch nur zu ahnen, daß dies Zeiten der Kugelbesessenheit waren. Alle früheren Denker bis hin zu Leibniz, in gewisser Weise auch noch bis zu Hegel, sind wesentlich Exegeten der Kugel gewesen, die einmal unter dem Namen »Gott« und einmal unter dem Namen »Welt« immer neue Deutungen provozierte.

Raimund Fellinger
Gebrauchsanweisung

Das Zustandekommen dieses Buches verdankt sich Peter Weibel. Er meinte, in der (nationalen wie internationalen) Rezeption der umfangreichen und theoriegeladenen Bücher bleibe ein Merkmal unberücksichtigt: die Fähigkeit Peter Sloterdijks, in kurzen Sätzen oder in Kapitellänge blitzartig einschlagende Einsichten zu formulieren, die ihre illuminierende Kraft der sprachlichen Form verdanken. Ihm schwebe eine Zusammenstellung vor, eher bescheidenen Umfangs, in der es nicht um eine Blütenlese gehe, auch nicht um die Entdeckung des Aphoristikers, nicht um Versuche, ein Sloterdijk-Kompendium für die trägen Zeitgenossen zusammenzustellen. Ein solches Brevier solle seine Haltungen aufzeigen anhand des Unscheinbaren, scheinbar Bedeutungslosen, solle von den Rändern her das Zentrum ins Relief setzen, also zeigen, wo das Exzentrische zentripetale Kraft besitzt oder, noch deutlicher: wo das Exoterische zum Esoterischen konvertiert.

Der Titel dieses Buches, *Polyloquien*, verdankt sich Peter Sloterdijk. Die Suche nach einer adäquaten Übersetzung für diesen Begriff verlief in den gängigen Medien erfolglos. Die Chance, der Neuprägung einen Sinn beizumessen, ergab sich aus einer Interview-Äußerung im *Magazin* der *Süddeutschen Zeitung*: Er habe sich immer schon vorgenommen, den »Ein-Thema-Betrieb« zurückzufahren. »In besseren Zeiten ging es in meinem Kopf zu wie in einer Hauptstadt-Zeitungsredaktion: Tag und Nacht saßen die Sparten-Verantwortlichen in ihren Büros nebeneinander, jeder sammelte das Seine für die kommende Ausgabe. Zeitweilig dachte ich, der Roman, die Zeitung und die Philosophie werden fusionieren.«

Polyloquien: Das Gespräch in einem Kopf, der sich unterschiedlichsten Aktivitäten gleichzeitig widmet und sie (anders als beim, wie hieß das noch mal: multitasking?) miteinander verquirlt.

Mit der Aufschlüsselung der Bedeutung des Titels war die Anordnung der Einzelstücke vorgegeben: Vier Personen sollten diverse Kopfgeburten repräsentieren, ihnen hatte die »tragende Rolle« zuzukommen: Der Makrohistoriker, der Literaturkritiker, der Theologe treten bereits auf am Ende von *Sphären III: Schäume,* der Opiniater (Facharzt für Erkrankungen des Meinungsapparats) stellt einen der Berufe dar, die Peter Sloterdijk gerne ausüben würde. Nachdem sie in einem Impulsreferat ihre Position verdeutlichten (das des Makrohistorikers ist den *Schrecklichen Kindern der Neuzeit* entnommen, das des Literaturkritikers *Nach Heidegger*, das des Theologen *Sphären II*, das des Opiniaters *Zeilen und Tage*), werden ihnen einzelne Stellungnahmen zu ihrem Spezialthema zugeordnet. Die einzige Verletzung der Regel, alles in diesem Band müsse dem Werk entstammen, stellt die Bezeichnung der Akte dar, in denen die tragikomische Ironie ihren Lauf nimmt. Innerhalb der einzelnen Akte wurde darauf verzichtet, jedes Statement einzeln auszuweisen.

Polyloquien ist daher nicht mehr und nicht weniger als ein (in diesem Falle zum Wundern, Staunen, Lachen freigegebenes) Brevier als Stundenbuch, dessen Lektüre die Gegenwart erhellen mag.

Inhalt